Maurice Girard

Les Criquets dévastateurs

Science

ISBN : 978-1984321558

10 9 8 7 6 5 4 3 2 1

Maurice Girard

Les Criquets dévastateurs

Science

Table de Matières

PREMIÈRE PARTIE

Il ne se passe pas d'année où l'on ne lise dans quelque journal un récit d'invasion de *Sauterelles*, des calamités qui en résultent, et souvent des craintes si justifiées de la famine, conséquence de la visite des terribles cohortes ailées. L'Algérie vient de nouveau, en 1873, d'être éprouvée par leurs ravages.

Si, depuis l'avant-dernière plaie d'Égypte, on est bien édifié sur le fléau, on connaît encore fort mal les agents. Les espèces migratrices de l'Amérique et de l'Australie sont pour la plupart inédites, et beaucoup de confusion existe relativement aux espèces qui envahissent l'Europe ou les régions de l'Asie Mineure et du nord de l'Afrique, qui sont ses dépendances commerciales les plus voisines dans les deux plus grands continents de l'ancien monde. Peut-être rendrons-nous service en présentant à cet égard des notions scientifiques encore assez incomplètes.

D'abord que signifie le mot *Sauterelles* ? Bien qu'il y ait des genres sauteurs dans divers ordres d'insectes, on applique seulement ce nom à ceux des orthoptères dont les cuisses postérieures sont longues et épaisses et pourvues de muscles puissants.

Repliées contre la jambe qui s'appuie sur le sol, elles se débandent brusquement en se redressant et lancent le corps de l'animal en avant comme par l'effet d'un ressort. Nous reconnaissons les orthoptères à leurs grandes ailes hétéronomes, existant dans la plupart des espèces, les antérieures en général étroites et coriaces surtout au bord antérieur (pseudélytres), les postérieures (ailes principales) membraneuses, amples, élégamment repliées en éventail au repos, afin que les pseudélytres puissent les recouvrir et protéger contre les chocs et les déchirures la voile délicate. Les orthoptères constituent les gros mangeurs parmi les insectes ; ils sont pourvus de pièces buccales courtes et fortes, propres à broyer et à couper les végétaux. En outre leur tube digestif à nombreuses poches rappelle l'estomac multiple des ruminants, qui sont, eux aussi, les grands destructeurs des plantes.

Tout d'abord élucidons une question de vocabulaire entomologique, à propos des insectes orthoptères dévastateurs ; il y a peu d'exemples en zoologie d'aussi grands écarts entre le langage vulgaire et les noms de la science exacte.

Les véritables sauterelles sont les Locustiens. Leur type le mieux connu est celui de la grande sauterelle verte (*Locusta viridissima*, Linn.), la *Sauterelle à coutelas*, de Geoffroy, qui vole à quelques mètres de distance, en étalant ses vastes ailes de gaze verte, dans les blés, les prairies, les plates-bandes de légumes, les bordures des champs. Le mâle, retiré souvent dans les haies et caché par les feuilles, chante pendant toute la nuit à la fin de l'été. On croirait entendre *zic, zic, zic*, avec des interruptions égales à la durée de chaque note. C'est ce grand et bel insecte qu'on nomme souvent la Cigale, aux environs de Paris.

Il est représenté en tête de la fable classique, dans des anciennes éditions illustrées, faites sous les yeux de La Fontaine, qui partageait l'erreur commune. Si l'on examine de près cet insecte caractéristique et qui n'est pas nuisible, on observe que ses pattes se terminent par des tarses de quatre articles. Le nombre des articles des tarses fournit, comme on le sait, d'excellents caractères de classification aux entomologistes. En outre, ces insectes ont de longues et fines antennes, et les Locustiens femelles offrent l'abdomen prolongé par un long tuyau en gouttière, destiné à la ponte des œufs. Cet oviscapte, qui rappelle par la forme un coutelas ou un sabre, selon qu'il est droit ou courbé, indique des insectes qui déposent leurs œufs dans des cavités, des fentes du sol, des fissures des végétaux. Le chant des Locustiens est produit, presque exclusivement chez les mâles, par le frottement de certaines parties des pseudélytres ou ailes de devant l'une contre l'autre. C'est la résonance du tambour de basque, toujours avec la même note, variant, suivant les espèces, d'une monotonie fatigante.

Les orthoptères dévastateurs appartiennent à un autre groupe ; les Acridiens ou Criquets. Les différences sont très-notables pour quiconque a un peu l'habitude d'observer. Les antennes sont plus ou moins courtes et épaisses. Les tarses n'ont plus que trois articles. Les femelles ne présentent plus au bout de l'abdomen le tube allongé des précédentes. Les quatre pièces accolées deux à deux sont devenues quatre valvules, courtes et pointues, deux supérieures, deux inférieures. Aussi la ponte a lieu sur le sol même ou dans de vastes creux où l'insecte peut introduire tout son abdomen. En outre les organes musicaux sont différents. Les violonistes remplacent les cymbaliers. Le chant des mâles résulte du frottement des pattes de derrière, munies d'épines ou de stries, contre les grosses nervures des pseudélytres. La note est grave quand le mouvement de la patte est allongé et lent, aiguë s'il est court et précipité. Les timbres diffèrent selon les espèces, comme avec des crécelles de bois, de carton ou de métal. Ces stridulations sont plus variées que celles des vraies sauterelles ou Locustiens. De plus, elles ne se produisent que pendant le jour. Les mâles aiment à se chauffer au soleil juchés sur les hautes herbes. Dans certaines espèces ils font à l'approche des femelles des contorsions bizarres, comme pour les séduire et attirer leur attention. Le chant d'appel ou d'amour est plus doux et d'une autre note que le chant de jalousie et de colère, quand plusieurs mâles se rencontrent.

En Algérie on devrait, depuis longtemps, être éclairé sur ces insectes en raison de trop fréquentes et cruelles expériences. Cependant la routine l'emporte encore et on ne peut adopter, même officiellement, un langage exact. On y appelle sauterelles les jeunes acridiens dépourvus d'ailes, et criquets ceux qui, parvenus au développement complet, promènent au loin, avec le secours des vents, leurs légions affamées. Lors de la dernière grande invasion de notre colonie, dans l'article du *Moniteur* qui annonce le fléau à toute la France et l'ouverture d'une souscription publique (1er juillet 1866), il est dit que les sauterelles donnent naissance à des légions de criquets. Autant vaudrait scientifiquement prétendre que le faon du cerf devient un bœuf. Malheureusement, chez nous, ces erreurs d'histoire naturelle sont des plus fréquentes, même parmi les personnes instruites. Cela tient surtout à la déplorable idée qui a germé dans quelques cerveaux de théoriciens saturés de mathématiques pures, lorsque, sous leur haute et maladroite initiative, les sciences naturelles ont subi un véritable ostracisme dans l'enseignement secondaire, et cela parmi les compatriotes de Cuvier et de Geoffroy Saint-Hilaire.

Les criquets, comme tous les orthoptères, sont des insectes à métamorphoses dites incomplètes. À leur sortie de l'œuf ils sont agiles et pourvus de leur conformation définitive. Ils n'ont plus qu'à s'accroître en taille, à acquérir les organes alaires et à développer un appareil génital rudimentaire. Leurs mœurs, leur nourriture restent les mêmes pendant toute leur vie. Il parait probable, comme l'indique Murray, que cela dépend d'un développement embryonnaire très-avancé, et qu'ils subissent sous les enveloppes de l'œuf les phases que d'autres insectes accomplissent au dehors, celles de larve et de nymphe sédentaire ou second œuf. De cette façon tout se trouve ramené à un plan unique.

Nous aurons à examiner les principales espèces qui nous infligent ces dévastations, rangées par nos ancêtres au nombre des plus cruels châtiments de la colère céleste, puis nous indiquerons, dans une revue rapide, quelques détails historiques sur leurs apparitions en France et en Algérie. Il est tout d'abord un fait encore inexpliqué et très-important. La plupart des espèces d'Acridiens, quoique considérables en nombre d'individus, restent disséminées sur d'immenses espaces, surtout dans les localités montagneuses et arides, et ne causent pas de véritables dégâts. D'autres, zoologiquement analogues, demeurent aussi à l'ordinaire cantonnées dans des steppes lointaines, ainsi dans la Tartarie ou au Sahara, et n'ont qu'une locomotion très-bornée, prolongeant leur saut par un vol de quelques mètres, qui n'est le plus souvent qu'une action de parachute. Mais en certains moments, sans doute lorsque les parasites sont devenus impuissants à restreindre dans de justes limites l'accroissement prodigieux d'une famélique multitude, quand toute nourriture manque, l'instinct migrateur se développe. Les insectes en général s'écartent peu des lieux qui les ont vus naître et qui nourriront leur postérité ; des circonstances insolites, une sorte de pressentiment mystérieux, amènent des voyages au long cours, dans tous les ordres de ces miniatures zoologiques si hautement privilégiées par leurs fonctions de sensibilité et de locomotion, et, je dirai même, par les lueurs intellectuelles. Ne voit-on pas des voyages aériens des papillons blancs du chou et de la rave, ou de la belle-dame (*Vanessa cardui*, Linn.), et aussi des coccinelles ou *bêtes à bon Dieu*. Les sphinx du liseron et du laurier rose viennent des profondeurs de l'Afrique jusqu'en Angleterre renouveler des espèces imparfaitement appropriées à nos climats, et destinées à disparaître sans cette immigration ; de même que les colonies de la race européenne dans la zone torride boréale ont besoin de renouveler, par de continuelles arrivées de sujets d'origine, une race où la reproduction s'arrêterait sous l'influence d'un climat débilitant. Les insectes des mares (coléoptères, hémiptères) passent souvent plusieurs générations sans faire usage de leurs ailes ; tout à coup, la proie épuisée, ils s'envolent par quelque chaude soirée d'été, et portent le ravage dans des eaux nouvelles.

Quand les Acridiens dévastateurs vont entreprendre leurs funestes pérégrinations, ils passent quelques jours à se préparer. Grimpés sur les broussailles ou au sommet des gazons brûlés par le soleil, on les voit gonfler et rétrécir alternativement les anneaux de leur abdomen.

Ce sont des mouvements d'inspiration par lesquels ils chargent d'air leurs trachées ou tubes respiratoires, emmagasinant une forte provision d'oxygène, source de force musculaire par la combustion. Ces trachées, qui à l'ordinaire sont plates et paraissent dans la dissection sous l'eau comme de minces rubans d'argent, deviennent gonflées et cylindriques, avec des vésicules plus renflées par places.

Comme à un signal, précédée de quelques essaims d'avant-garde, une immense armée de destruction et de mort prend son essor, et, gagnant une couche atmosphérique où règne le courant propice, se dirige vers les régions cultivées, parcourant des centaines de kilomètres en nuage qui intercepte le soleil.

Le choc précipité des ailes ressemble au sombre mugissement de la mer courroucée. Il me paraît certain, d'après mes expériences sur les insectes bons voiliers, que la température du corps, d'ordinaire assez faible parmi les orthoptères, qui volent peu, doit alors présenter un grand excès au-dessus de l'air ambiant, comme chez les sphinx, où la main suffit pour constater une forte chaleur, lorsque pendant les soirées fraîches de septembre, on saisit entre les doigts leur corps frémissant.

DEUXIÈME PARTIE

Il existe de très-grandes difficultés, au point de vue entomologique, pour distinguer entre elles les espèces d'Acridiens migrateurs dont les ravages sont à redouter pour nos cultures. Elles sont réparties en plusieurs genres par les auteurs modernes.

Le genre *Acridium* (Geoffroy) renferme l'espèce la plus redoutable, qui heureusement ne vient jamais en Europe. Les caractères les plus saillants de ce genre sont tirés de la région moyenne du corps, de son premier anneau, le prothorax, portant la première paire de pattes. Il offre en dessous une corne cylindrique, libre et proéminente, droite ou courbe. La partie supérieure, peu prolongée en arrière, distinctement comprimée sur les côtés, présente en dessus une crête ou carène médiane plus ou moins élevée, sans carènes latérales sensibles ; les organes du vol sont bien développés dans les deux sexes, et composés, selon le caractère général des orthoptères, d'une paire antérieure d'élytres semi-coriaces, et en dessous d'ailes membraneuses beaucoup plus larges, dont toute la région postérieure se plisse au repos en éventail et se replie au-dessous de la région antérieure, de sorte que toute l'aile est alors protégée et cachée par l'élytre, comme un étui qui empêche les déchirures de la voile délicate par les aspérités du sol ou des buissons, alors que l'insecte marche ou saute. La figure où l'on voit deux *Acridium* l'un au repos, l'autre parcourant l'atmosphère, fait bien comprendre cette distinction.

L'espèce la plus répandue de ce genre funeste doit avoir son origine dans divers lieux déserts de l'ancien monde, comme les steppes de l'Asie centrale d'une part et l'intérieur de l'Afrique de l'autre, sans qu'on puisse préciser exactement la limite australe. Elle étend ses ravages par d'immenses colonnes voyageuses des rivages orientaux de la Chine aux côtes du Maroc et du Sénégal ; on en rencontre des légions dans toute la Chine, la Perse, l'Asie Mineure, l'Égypte, le Soudan et les anciens États barbaresques ou tout le nord de l'Afrique et, ce qui est fort triste pour nous, l'Algérie. C'est le *Criquet nomade* ou *pèlerin* (*Acridium peregrinum*, Oliver). Il est de grande taille, pouvant atteindre 65 millimètres dans les deux sexes. Le corps est dépourvu de poils, ordinairement d'un jaune vif, avec beaucoup de lignes et de points ferrugineux, formant comme une marqueterie. Les antennes sont jaunes à la base puis brunes. Les élytres, plus longues que l'abdomen, assez étroites arrondies au bout, sont opaques et jaunes à la base ainsi qu'au bord antérieur, puis transparentes avec des séries de taches noirâtres, ce qui constitue des bandes transversales très-irrégulières. Les ailes, aussi longues que les élytres, sont amples et transparentes, à nervures jaunes avec le bord antérieur teinté de la même couleur.

L'abdomen et le dessous du corps sont brunâtres et luisants, et les pièces qui le terminent sont courtes ; les pattes sont d'un beau jaune avec les épines des jambes postérieures noires.

La détermination de cette espèce est due au savant voyageur Olivier (*Voyage dans l'empire ottoman*, t. II, p. 121), à la fin du dernier siècle. Voici comment s'exprime Olivier, alors en Syrie, sur les migrations de cette espèce, dont il a été témoin, et ce récit est précieux en ce qu'il émane d'un homme habitué aux observations scientifiques : « À la suite de vents brûlants du midi, il arriva de l'intérieur de l'Arabie et des parties les plus méridionales de la Perse des nuées de sauterelles (nom vulgaire), dont le ravage pour ces contrées est aussi fâcheux et presque aussi prompt que celui de la plus forte grêle en Europe. Nous en avons été deux fois les témoins (Olivier et son compagnon Bruguières).

« Il est difficile d'exprimer l'effet que produisit en nous la vue de toute l'atmosphère remplie de tous les côtés et à une très-grande hauteur d'une innombrable quantité de ces insectes, dont le vol était lent et uniforme, et dont le bruit ressemblait à celui de la pluie ; le ciel en était obscurci et la lumière du soleil considérablement affaiblie. En un moment, les terrasses des maisons, les rues et tous les champs furent couverts de ces insectes, et, en deux jours, ils avaient presque entièrement dévoré toutes les feuilles des plantes ; mais heureusement ils vécurent peu, et ne semblèrent avoir émigré que pour se reproduire et mourir. En effet, presque tous ceux que nous vîmes le lendemain étaient accouplés, et, les jours suivants, les champs étaient couverts de leurs cadavres, j'ai trouvé cette espèce en Égypte, en Arabie, en Mésopotamie et en Perse. »

Olivier fait mention d'une variété de l'*Acridium peregrinum*, où le fond jaune est remplacé par du rougeâtre clair. Audinet-Serville dit avoir reçu cette variété de Palestine, prise sur le mont Sinaï. Elle existe aussi en Algérie, comme me l'a fait connaître M. Come, qui professa longtemps l'histoire naturelle au lycée d'Alger ; ces *Sauterelles rouges* sont souvent prises à tort comme une espèce particulière. Les mœurs du Criquet pèlerin ont été observées dans notre colonie, notamment par M. H. Lucas lors de l'exploration scientifique de l'Algérie, entreprise sous Louis-Philippe à la suite des victorieuses campagnes du maréchal Bugeaud. C'est l'espèce qui s'y rencontre le plus abondamment, bien qu'elle n'y soit pas dévastatrice tous les ans. Les indigènes la nomment *El Djerad* (la sauterelle) ou *Djerad el arbi* (la sauterelle arabe). Elle présente cinq mues ou changements de peau : la première a lieu cinq jours après la sortie de l'œuf, la seconde six jours après la première, la troisième huit jours après la seconde, et dans ces trois premières mues (état de larve) l'insecte n'a pas d'ailes ; ensuite, se produit la quatrième mue au bout de neuf jours, et l'insecte est alors en nymphe, avec les élytres et les ailes raccourcies, pendantes sur le dos, impropres au vol et enveloppées de fourreaux. Enfin la cinquième mue ou l'état parfait arrive dix-sept jours après, en tout quarante-cinq jours à partir de la sortie de l'œuf.

L'espèce apparaît au milieu du printemps à l'état adulte, venant du sud. Ces criquets ne commencent à voler qu'entre sept et huit heures du matin, suivant que le temps est plus ou moins clair, demeurant jusque-là engourdis sur les branches d'arbres, sous les feuilles larges, dans l'herbe des fossés, surtout quand il est tombé de la rosée pendant la nuit. L'accouplement s'opère dans la journée, le mâle grimpé sur le dos de la femelle. Il agite de temps en temps ses longues pattes, et la femelle y répond par un mouvement analogue. La femelle marche et mange, gardant avec elle le mâle, qui souvent même ne la quitte pas pendant la ponte. Cet acte s'opère de préférence dans des terres meubles, sablonneuses. Si la terre est un peu dure la femelle y creuse un trou cylindrique, large d'un centimètre environ, en donnant une demi-rotation à son abdomen et ouvrant en même temps ses quatre valves terminales, qui tassent la terre sur les côtés ; on dit que les trous soit creusés par la femelle, soit probablement préexistants en partie, peuvent avoir une profondeur de trente millimètres, et qu'alors les anneaux de l'abdomen qui s'enfonce en terre se distendent comme un tube élastique.

On voit un grand nombre de femelles pondant en cercle, serrées les unes contre les autres là où la terre est meuble, ce qui fait que souvent le même amas de terre renferme un grand nombre de grappes d'œufs. Le trou est d'abord enduit d'une matière albumineuse rejetée par l'oviducte, puis les œufs, au nombre de 80 à 90, sont pondus en trois rangées et entourés chacun de la même viscosité, et enfin la femelle ferme le trou au-dessus de la grappe d'œufs par une bave blanche et mousseuse, destinée à dérober le nid aux insectes parasites. La matière d'enduit se sèche, brunit et s'incruste de grains de terre formant alors une sorte de coque courbe, arrondie à bout et tronquée à l'autre, que ferme une calotte de terre. Les œufs sont d'un beau jaune au moment de la ponte, oblongs, arrondis aux deux bouts, longs de 0^m,008 à 0^m,009, larges de 0^m,002. Huit jours après la ponte, ils deviennent d'un blanc grisâtre, et ont perdu leur transparence. Les petites larves à grosse tête éclosent 20 à 25 jours après la ponte, suivant la nature du sol, l'influence atmosphérique, l'humidité, etc., causes qui avancent ou retardent l'incubation. Elles mangent la substance albumineuse de la glèbe des œufs, et même parfois la coque de ceux-ci. D'un blanc sale en éclosant, elles durcissent et se colorent en peu d'heures, devenant noires avec des marquetures blanches. Les femelles pondeuses meurent souvent sur place, et, dans la grande invasion de 1866 en Algérie, on remarquait que les amas de criquets rejetés sur le sable par les vagues contenaient beaucoup de mâles et peu de femelles ; cependant quelquefois les couples survivent plusieurs jours à l'accouplement et à la ponte.

Le genre *Acridium* nous offre une autre espèce dévastatrice pour laquelle les renseignements sont moins précis. Elle offre beaucoup de variations, ce qu'indiquent les noms d'*Acridium tartaricum*, Linn. ; et *Lineola*, Fabr. donnés à ses deux principales races. L'espèce est plus petite que la précédente, avant 0^m,039 à 0^m,058, chez la femelle et 0^m,035 à 0^m,047 chez le mâle, dont la taille est notablement moindre, fait fréquent chez les insectes. La tête, le corps et les pattes sont d'un vert jaunâtre, passant souvent au brun en se desséchant, poilus, maculés de brun. Les élytres, beaucoup plus longues que l'abdomen, sont comme nébuleuses en raison de leurs nombreuses nervures brunes ; les ailes transparentes, rembrunies au sommet, ont vers le milieu une large bande noirâtre, arquée, sans contours nets. Les deux races diffèrent par les couleurs des pattes.

Cette espèce se rencontre en Italie, en Espagne, en Portugal, en Dalmatie, en Sardaigne, en Hongrie, dans le Tyrol austral. On en trouve des individus isolés, mais très-rarement en septembre, dans les prairies, jusque dans le milieu de l'Allemagne. Elle existe dans la Provence, et l'entomologiste Solier l'indique parmi les espèces nuisibles des environs de Marseille. On ne l'a jamais rencontrée au centre ni au nord de la France. Joignons à ces localités l'Égypte, l'Algérie (H. Lucas), la Syrie (c'est, dit-on, l'espèce qui se vend cuite sur les marchés de Bagdad), peut-être les Indes orientales. Latreille et Ericson disent que cette espèce émigre souvent et dévaste les campagnes ; cependant elle ne possède peut-être pas partout cette redoutable propriété. En effet, un excellent observateur, Rambur, bien connu pour ses explorations de la Corse et de l'Andalousie, affirme qu'en Espagne cet Acridien ne se trouve pas en troupe ni à terre, comme la plupart des espèces voyageuses, mais habite isolément sur les arbres. Si quelqu'un s'approche de l'arbre où il gîte, il s'envole avec un frémissement, presqu'à la façon d'un oiseau, mais toutefois ne vole pas loin.

Un second genre contient les espèces les plus dangereuses pour l'Europe, c'est le genre *Pachytylus*, Fieber. Le prothorax n'offre pas de proéminence en dessous, et présente en dessus, outre la carène du milieu, des carènes latérales peu développées ; il se prolonge en arrière. Les épaules sont obtuses et proéminentes ; les ailes sont bien développées, raccourcies quelquefois chez la femelle, mais demeurant propres au vol. Le *P. migratorius*, Linn. atteint. $0^m,054$ chez la femelle et $0^m,049$ chez le mâle, dimensions moindres que celles du Criquet pèlerin. Son corps est lisse, sans poils, ordinairement vert, quelquefois brunâtre. Les élytres et les ailes dépassent beaucoup l'abdomen dans les deux sexes ; les élytres sont jaunâtres à la base, parsemées partout de taches brunes en bandes nuageuses ; les ailes sont grandes, d'un vert jaune au milieu, souvent enfumées au bout. Les pattes postérieures sont d'un jaunâtre pâle avec les jambes souvent bleuâtres. Une seconde race, qui paraît remonter plus au nord de l'Europe, a les jambes postérieures d'un rouge sanguin plus ou moins prononcé. C'est le *P. danicus*, Linn. ou *cinerascens*, Fabr., dont beaucoup d'auteurs font une espèce distincte. Ce Criquet migrateur, originaire, dit-on, des steppes de la Tartarie, produit ses ravages dans une grande partie de l'Europe, se trouve, aussi en Asie-Mineure, en Algérie (H. Lucas), à l'île Madère, et aussi, paraît-il, à l'île de France. Il habite constamment l'Espagne et l'Italie, la Hongrie, la Dalmatie. Il apparaît, dit-on, en hiver en troupes dans les campagnes du Valais. Des individus isolés se prennent au mois de septembre près de Fribourg-en-Brisgau, de Francfort-sur-le-Mein, etc. Il en est de même pour le centre et le nord de la France. Il est commun dans les plaines arides de la Sologne, mais difficile à

approcher. Près de Paris, on rencontre parfois à l'arrière-saison
ce curieux insecte, de beaucoup le plus grand de nos Acridiens ;
il a été trouvé à Fontainebleau, dans une prairie près de Sceaux,
en septembre, à Vanves, à Montrouge (les deux sexes), enfin dans
le jardin même du Muséum. Ce sont des sujets emportés au loin
par le vent ; Geoffroy, notre vieil historien des insectes de Paris,
n'a pas connu cette espèce. Le Criquet migrateur remonte au nord
jusqu'en Danemarck et en Suède ; une de ses colonnes fut poussée
par les vents en Angleterre en 1748. On l'a rencontré en Irlande,
près de Dublin. Un des entomologistes les plus distingués de la
Belgique et de l'Europe, M. le sénateur de Sélys-Longchamps, nous
apprend que ces deux races existent locales en Belgique, celle à
jambes rouges dans les bruyères de la Campine, et en Hesbaye celle
à jambes bleuâtres ou d'un jaune pâle. L'espèce est assez fréquente
dans les années chaudes, à la fin d'août et en septembre, dans les
champs de trèfle et de pommes de terre ; M. de Sélys-Longchamps
pense qu'elle peut se reproduire pendant plusieurs années de suite,
bien qu'on ne la trouve pas tous les ans. Les Sphinx du laurier-
rose et célerio, originaires du centre de l'Afrique, offrent des faits
analogues. Les individus septentrionaux du Criquet migrateur sont
d'ordinaire plus petits que ceux des régions australes. Plusieurs
auteurs disent que le mâle stridule, ce qui n'a jamais été indiqué
pour le grand Criquet d'Afrique (*Acridium peregrinum*). De Géer
rapporte qu'une femelle du Criquet migrateur, qu'il conservait
dans une boite, pondit un grand nombre d'œufs qu'elle attacha à
des tiges de gramen. Ils étaient allongés, d'environ $0^{m},005$, arrondis
aux deux bouts, d'une couleur de chair obscure, à coque très-
fragile, et entourés d'une matière écumeuse, rosée, sécrétée par la
mère et qui devint dure en se desséchant.

Criquet migrateur (*Acridium peregrinum*).
Mâle adulte et petits sortant de l'œuf. — Femelle au vol. —
Nymphe. — Œufs dans leur gaine.

Une seconde espèce du genre *Pachytylus* est un de nos plus jolis criquets ; malheureusement ses belles couleurs doivent sembler une faible compensation aux agriculteurs dont elle dévaste les champs. Le *P. stridulus*, Linn. se reconnaît tout de suite à ses ailes inférieures, d'un beau rouge vermillon, bordées de noir. Chez le mâle, les élytres et les ailes dépassent l'abdomen ; elles sont plus courtes que lui chez la femelle. Celle-ci est en outre bien plus grande que le mâle, ayant de $0^m,027$ à $0^m,035$ de long, tandis que le mâle n'a que $0^m,020$ à $0^m,027$. Cette espèce fréquente une grande partie de l'Europe, causant parfois de grands dommages aux récoltes dans les régions méridionales. À la fin de juillet, en août et septembre, il vole dans les lieux un peu élevés, sablonneux, aride et pierreux et dans les prairies montagneuses des Alpes et des Pyrénées, en Italie supérieure, dans la Dalmatie, l'Istrie, dans tout le sud-est de la France. Je ne crois pas qu'on le rencontre près de Paris, car il ne faut pas le confondre avec une autre espèce à ailes rouges dont nous dirons un mot. On le trouve dans toute l'Allemagne, la Russie et aussi en Suède, et, d'après de Géer, dans les endroits montagneux et secs où l'on fait du charbon de bois. Il vole par saccades et s'élève assez haut, en produisant un frémissement particulier qui lui a valu son nom. Ce n'est nullement la stridulation volontaire du mâle appelant la femelle, mais un bruit mécanique dû au frottement des nervures très-épaisses du bord antérieur des ailes contre le bord postérieur des élytres.

Un dernier genre de criquets à espèce nuisible est celui des *Caloptenus*, Burmeister, ou *Calliptamus*, Audinet-Serville. Plus voisin des *Acridium* que les *Pachytylus*, ce genre a un tubercule au-dessous de la poitrine et trois carènes au-dessus du prothorax. Les élytres et les ailes sont bien développées et les cuisses postérieures très-dilatées. Les Caloptènes se reconnaissent immédiatement à leur corps épais et trapu, à leurs courtes et grosses cuisses de derrière. Ils se trouvent dans l'Europe méridionale et moyenne, l'Asie, l'Afrique septentrionale et australe et l'Amérique septentrionale, sur les montagnes et les collines arides, insolées, pierreuses, et dans les régions sablonneuses, de juillet à septembre. Les divers exemplaires de la même espèce paraissent varier, suivant le lieu natal, en couleur, grandeur et stature. Le type est le *C. italicus*, Linn., ayant de $0^m,028$ à $0^m,030$ et $0,^m040$ de longueur dans les sujets femelles. Il a une couleur ordinairement jaune ou roussâtre, avec des ailes d'une charmante couleur d'un rose délicat et les pattes de derrière sanguines, agréablement vergetées de noir. Le mâle est deux fois plus petit que la femelle, n'ayant que $0^m,012$ à $0^m,016$; c'est peut-être en raison de cette faiblesse qu'il est armé à l'extrémité de l'abdomen de deux appendices recourbés et débordants, comprimés et excavés en dedans, propres à retenir étroitement la femelle dans l'accouplement et à la maîtriser. Cette espèce est fort redoutable par ses ravages et se trouve en Espagne, même en hiver. Rambur dit qu'en Andalousie, elle paraît souvent en troupes si nombreuses qu'à chaque pas on en fait lever des centaines. Elle ravage l'Italie et notamment la campagne de Rome, attaque en France les champs de luzerne et les vignobles, se trouve en Allemagne jusque près de Berlin dans les prairies sèches, en Saxe, en Russie méridionale, en Sibérie. Solier la range parmi les espèces dévastatrices de la Provence récoltées dans les chasses primées par les municipalités. Elle remonte en individus isolés aux environs de Paris, où elle est commune certaines années. On la trouve toujours à Lardy, localité aride bien connue des jeunes amateurs parisiens par ses espèces méridionales, et je suis persuadé qu'elle existe aussi fréquemment dans les landes sèches de Champigny et de la Varenne-Saint-Maur. Autrefois Audinet-Serville la trouvait au champ de Mars, à Sèvres et à Saint-Cloud, mais ces lieux ont bien changé depuis quarante ans et n'ont plus rien de champêtre.

Les grands continents ont leurs criquets dévastateurs, mais je n'oserais pas entreprendre, avec le peu de connaissance que nous avons des Orthoptères, l'histoire des espèces d'Amérique et d'Australie. On a reçu tout récemment au Muséum une espèce probablement inédite, ressemblant d'aspect au *P. migratorius*, et qui couvre parfois de ses nuages obscurcissants le ciel de la Nouvelle-Calédonie, si tristement célèbre en nos temps troublés. Peut-être vient-elle d'Australie.

Un dernier mot pour les Parisiens. On rencontre en abondance dans nos environs une espèce qui vole sur les vignobles et les coteaux, mais qu'on ne peut pas appeler dévastatrice, car ses dégâts sont insignifiants. Elle appartient au genre *Œdipoda*, Latr., à poitrine plate, mais avec des cavités latérales sur la tête que n'ont pas les genres précédents. Tout le monde connaît le *criquet à ailes bleues et noires* de Geoffroy, *Œ. cœrulescents*, Linn, volant à peu près partout de la fin d'août au milieu de septembre et qu'on trouve même dans les rues excentriques de Paris bordées de jardins maraîchers et de terrains vagues. Les élytres sont d'un gris cendré, avec deux bandes transverses d'un jaune terne et le bout un peu transparent ; les ailes sont bleues entièrement bordées de noir, d'une transparence enfumée au sommet. Les deux sexes ont les organes du vol également bien développés, et le mâle à peu près moitié moindre en taille que la femelle. La couleur bleue des ailes ne passe pas au rouge par les fumées des gaz acides. On trouve plus rarement près de Paris, localisée dans les lieux les plus secs, une variété dite *germanica* Charpentier, où le bleu des ailes est remplacé par un beau rouge, tout le reste de l'insecte demeurant pareil. Ce *criquet à ailes rouges* de Geoffroy, remonte moins au nord que l'autre. On le rencontre à Lardy en aussi grande quantité que le type bleu ; il est bien moins commun à Sénars. Il manque en Belgique et sur les falaises arides du nord de la Bretagne, où le bleu s'envole à chaque pas devant le promeneur. Je ne l'ai jamais pris à Compiègne, tandis que le *cœrulescens* y abonde. Il est facile de

DEUXIÈME PARTIE

distinguer la variété rouge d'avec le *P. stridulus*, et cependant des auteurs recommandables s'y sont trompés. Chez le criquet stridule les élytres sont brunâtres et sans bandes, les ailes inférieures rouges ne sont qu'incomplètement bordées de noir, seulement au côté extérieur, et le bout n'est pas transparent ; enfin les organes du vol se raccourcissent chez les femelles.

Il nous reste à faire un historique rapide des ravages des criquets en France et en Algérie, à indiquer les moyens bien incomplets de s'en préserver ou plutôt de les restreindre.

TROISIÈME PARTIE

Les migrations des criquets ne se produisent pas à des époques fixes et périodiques comme celles des oiseaux. Elles paraissent l'effet d'une véritable volonté, et, suivant l'entomologiste Amyot, qui aimait beaucoup les recherches d'érudition, ce motif les aurait fait ranger par Salomon au nombre des quatre animaux auxquels il accorde la sagesse. Un ancien compilateur d'entomologie, Moufet, que nous citerons plusieurs fois,[1] en donne, sans y entendre aucunement malice, une autre raison : « Elles (les sauterelles) vivent entre elles avec concorde, sans qu'il soit besoin du secours d'un roi ou d'un empereur. Elles volent même (Salomon, Proverbes, 30) ensemble sans roi, et conservent mutuellement la bonne harmonie. Aussi l'Église a dit : « Tes gardiens seront comme les sauterelles, et tes enfants comme les sauterelles des sauterelles, c'est-à-dire non-seulement grands par le nombre, mais en accord et en confirmation par le consentement des âmes. » Ce qui étonne le plus dans les apparitions des criquets migrateurs, c'est leur nombre incroyable, dépassant tout ce qu'on peut imaginer et justifiant le nom *arbeh* (multiplication) donné par les Hébreux à la septième plaie d'Égypte (Exode, liv. X). Leurs nuées obscurcissent le ciel dans leur passage, au point, disent certains rapports, qu'on ne pourrait lire dans les maisons. Une multitude de ces insectes, blessés ou tués par la pression, tombent de ces légions sinistres. Nous prendrons quelques exemples aux époques les plus récentes, garantie d'authenticité. Après sa défaite à Pultawa, et en retraite dans la Bessarabie, l'armée de Charles XII se trouvait dans un défilé,

1 *Insectorum sive minimorum animalium theatrum.* — Londres, 1634, p. 123 et suiv.

lorsque les hommes et les chevaux furent contraints de s'arrêter, aveuglés par une grêle vivante sortie d'un nuage épais interceptant le soleil. L'approche des criquets fut annoncée par un sifflement pareil à celui qui précède la tempête, et le bruit des ailes et des corps entre-choqués surpassait celui des flots se brisant sur les rivages. Quelques citations donneront une idée de l'étendue énorme de ces essaims de désolation. Le général Levaillant en a vu à Philippeville un nuage de 3 à 4 myriamètres de longueur former sur le sol, en s'abattant, une couche de 3 centimètres de hauteur. À la fin de 1864, au Sénégal, les plantations de cotonniers furent détruites, et on observa un nuage vivant qui passa du matin au soir ; la vitesse lui donnait quinze lieues de longueur, et ce n'était qu'une avant-garde, car au coucher du soleil la portion terminale paraissait sous forme d'un nuage encore plus épais. Le voyageur anglais Barrow rapporte que, dans l'Afrique australe en 1797, ces insectes couvrirent le sol sur une étendue de deux milles carrés, et que, poussés vers la mer par un vent violent, ils formèrent près de la côte un banc de plus d'un mètre de hauteur, sur une longueur de cinquante milles ; puis, lorsque le vent vînt à changer, l'odeur de putréfaction se fit sentir à cent cinquante milles de distance. Les famines produites par la voracité des acridiens ne sont pas les seules causes de la mort des hommes et des animaux domestiques ; il s'y joint souvent une épidémie pestilentielle due aux émanations putrides. Les invasions de criquets sont de vraies calamités nationales. En 1835, la Chine fut ravagée par les acridiens, dont les nuages cachaient le soleil et la lune. Partout où ils s'arrêtaient, les moissons les plus belles et les plus abondantes étaient en un instant dévorées entièrement, et les champs mis à nu ; les récoltes à l'abri dans les granges furent aussi consommées en grande partie. Les habitants terrifiés fuyaient de toute part sur les montagnes. Dans les pays inondés, où il n'y avait pas de récoltes, les acridiens pénétrèrent dans les maisons et détruisirent les vêtements. Les ravages, commencés en avril, continuèrent sans interruption jusqu'à la gelée et à la neige.

C'est avec l'aide des vents que des insectes médiocrement conformés pour le vol peuvent entreprendre leurs immenses voyages. Ils sont souvent entraînés beaucoup plus loin qu'ils ne veulent et emportés dans la pleine mer. M. Kirby rapporte qu'en 1811 un navire retenu par le calme à 200 milles des îles Canaries, fut tout à coup, après qu'un léger vent de nord-est eut commencé à souffler, c'est-à-dire venant du nord de l'Afrique, enveloppé par un nuage d'acridiens qui, s'abattant sur le navire, couvrirent de leur multitude le pont et les hunes. M. Fischer de Fribourg (*Orthoptera Europœa*, Leipsig, 1853) cite le fait suivant. Au mois de septembre, sous 18° latitude nord, dans la mer Atlantique, au milieu de la tempête, de grandes troupes d'acridiens ont été observées pendant deux jours, à 450 milles du continent ; dans l'après-midi du second jour, le ciel fut obscurci par leurs bataillons et comme couvert de nuées, et toutes les parties du navire où se trouvaient les observateurs en furent recouvertes ; pendant deux jours une masse considérable de ces insectes morts nagea sur l'Océan.

La France n'est pas à beaucoup près aussi souvent le théâtre de ces invasions redoutables que les contrées plus orientales et plus méridionales de l'Europe. Cependant elles font aussi partie de l'histoire de ses calamités. Voici à ce sujet quelques renseignements anciens puisés dans les récits confus de Moufet. En 181 après J.-C., en Illyrie, Gaule et Italie, pendant la guerre et encore après son apaisement, comme un châtiment supplémentaire aux nations coupables, des sauterelles, en nombre indéfini et plus grandes que les autres, dévastèrent toute la végétation. La France fut, dit-il, misérablement dépeuplée dans les années de l'ère chrétienne 455, 874, 1337, 1353, 1374. Portés par les vents dans la mer et rejetés par le flux sur les rivages, les cadavres des acridiens infectaient l'air, et achevaient par la peste les populations de ces sombres époques, déjà épuisées par la famine. La France ne fut pas épargnée dans les grandes migrations de 1747, 1748, 1749, qui envahirent l'Europe. Quelques détails précis ont été conservés sur des invasions partielles de la Provence par l'entomologiste Solier. (*Ann. Soc. entom. de Fr.*, Iʳᵉ série, t. II, 1833, p. 1486). En 1613, Marseille dépensa 20 000 francs, et Arles 25 000 fr. de primes payées pour la destruction des acridiens, à raison de 25 centimes par kilogramme d'insectes et 50 par kilogramme d'œufs ; dans cette année furent recueillis 122 000 kilogrammes d'orthoptères et 12 200 kilogrammes d'œufs. Le fléau reparut plusieurs fois dans notre siècle. En 1805, une chasse dans la petite commune de Château-Gombert produisit 2 000 kilogrammes d'œufs. Le criquet italique (voir précédemment) fut l'espèce qui produisit cette année le plus de ravages dans les cantons de Saint-Martin, Saint-Servan, Château-Gombert, le plan des Caques et les Olives, du territoire de Marseille. C'est la même espèce qui, un peu plus tard, en 1809 et dans les années suivantes, envahit en grandes troupes obscurcissant le soleil les provinces méridionales du royaume de Naples, surtout la terre d'Otrante et la terre de Bari. En 1820 et 1822, les criquets ravagèrent les territoires d'Arles et des Saintes-Maries ; en 1824, ils reparurent plus nombreux dans les mêmes localités ; la dépense fut de 5 542 francs pour 65 861 kilogrammes aux Saintes-Maries, aux prix indiqués, et 6 600 kilogrammes à Arles. On en remplit dans ces deux localités 1 683 sacs à blé. En 1825, le mal est pire, car les mêmes communes dépensent 6 200 francs, ce qui suppose 82 000 kilogrammes d'insectes. En 1832, soixante et une personnes recueillirent aux Saintes-Maries 1 979 kilogrammes d'œufs et 3 808 en 1833, y compris, il est vrai, le poids de la terre des coques ovigères. Les diverses espèces européennes que nous avons énumérées se partagent les dégâts.

Pour remédier au mal, on commence la chasse des insectes en mai, et elle a lieu surtout en mai et juin. La plupart des femmes et des enfants des Saintes-Maries, d'Arles, de Saint-Jérôme, etc., y sont occupés une partie de l'été. On se sert d'un drap de toile grossière dont quatre personnes tiennent chacune un bout. Les deux qui marchent en avant font raser le sol par le bord du drap, et les deux qui suivent tiennent élevé le bord postérieur, de manière à ce que le plan de la toile fasse avec l'horizon un angle d'environ 45°. Les insectes, forcés de s'élever pour fuir, sont ainsi recueillis par la toile qui s'avance au-dessus d'eux, et on les jette dans des sacs quand on en a ramassé une certaine quantité. On peut se faire une idée de la quantité prodigieuse de ces insectes quand on saura qu'un paysan en a pris, en un seul jour, jusqu'à 50 kilogrammes, en ne se servant pour cela que d'un filet de toile analogue à celui des entomologistes. On peut évaluer à 1 600 coques à œufs le nombre qui est contenu dans le kilogramme, chaque tube contenant de 50 à 60 œufs ; c'est donc environ 80 000 œufs par kilogramme. Un enfant exercé peut en récolter 6 à 7 kilogrammes par jour, et se les procure en piochant près des rocs et dans les parties où la terre a le moins d'épaisseur. On récolte les œufs en août, septembre et surtout octobre.

TROISIÈME PARTIE

QUATRIÈME PARTIE

Notre colonie algérienne est véritablement une des contrées où les acridiens méritent le nom biblique de plaies, tant leurs apparitions y sont calamiteuses. L'espèce principale, cause du mal, est l'*Acridium peregrinum*, vulgairement *sauterelle volante, voyageuse d'Afrique*. Devant ses apparitions maudites on néglige, comme insignifiants, les méfaits du criquet migrateur et du criquet italique, que possède aussi l'Algérie. Au dire des Arabes, le pays est ravagé à fond en moyenne tous les vingt-cinq ans, sans compter les dégâts partiels. Dans ce siècle, une première grande invasion eut lieu en 1816, et la famine et la peste en furent la conséquence. En 1845, l'Algérie fut de nouveau éprouvée en entier par le fléau des acridiens, et le mal se prolongea pendant quatre ans ; cette invasion eut peu de retentissement, étouffée sous les faits de guerre de cette époque, et surtout parce que les cultures des Européens étant encore peu développées et n'occupant que des étendues restreintes de territoire, les plaintes furent minimes. Il n'en fut pas de même en 1866 ; la pacification était depuis longtemps complète, et les efforts des colons avaient voulu répondre par une démonstration palpable aux détracteurs de la culture algérienne. La terre était revêtue de la plus splendide parure quand les essaims faméliques, sortis du Sahara, vinrent de nouveau envahir toute la colonie, et les désastres méritèrent le nom de calamité publique qui leur est donné dans le rapport du Comité central de souscription, présidé par le maréchal Canrobert (*Moniteur* du 6 juillet 1866). L'invasion commença au mois d'avril ; les criquets, sortis des gorges et des vallées du sud, s'abattirent d'abord sur la Mitidja et le Sahel d'Alger ; la lumière du soleil était interceptée par leurs nuées ; les colzas, les blés, les orges, les avoines furent dévorés, et les insectes dévastateurs pénétrèrent même dans les maisons, déchiquetant les habits et le linge. Les Arabes tentaient d'empêcher par de grands feux et d'épaisses fumées la descente des essaims affamés. À la fin de juin, les larves sorties des œufs, mourant de faim en raison de la déprédation précédente, comblaient les sources, les canaux, les ruisseaux. L'armée, par corvées de plusieurs milliers d'hommes, réunit ses efforts à ceux des colons et des indigènes pour enfouir les cadavres amoncelés, mais avec peu de succès devant le nombre immense des criquets. Les moyens les plus efficaces pour détruire la fatale engeance sont les suivants : ramasser avec de grands filets traînants les insectes vivants, surtout le matin où ils sont encore engourdis, et le soir où ils commencent à dormir, les mettre en sacs et les enterrer profondément ou dans des bains de chaux ; c'est la chaux qui sauva en 1845 la belle commune d'Hussein-Dey. Le feu est aussi un puissant auxiliaire. En 1866, le garde champêtre d'Hussein-Dey, nommé Fontanille, garantit comme il suit les beaux jardins de cette localité : disposant de soldats, il recherchait les bandes de jeunes criquets encore aptères, et les dirigeait vers des massifs préparés de chaumes et de broussailles, et, lorsqu'il en avait amené ainsi des masses considérables, il mettait le feu. À l'Alma, où convergeaient de nombreuses et grandes bandes de larves qui longeaient la rivière, on avait découpé le terrain en grands fossés, plus larges au fond qu'à l'entrée, et des hommes, munis de balais, y amenaient les bandes d'insectes qu'on ensevelissait sous les déblais. Il faut avoir soin de ramasser, de mettre en tas et de brûler ou enterrer les cadavres des criquets, de peur d'infection. Enfin le meilleur procédé de destruction est de s'attaquer aux glèbes d'œufs. On retourne à la charrue ou à la herse les terres meubles où les femelles aiment à pondre ; la plupart des œufs périssent par l'effet seul du soleil qui les dessèche. En outre, on peut facilement les faire ramasser à la main, ou employer, pour fouiller les terres vagues, de jeunes porcs très-friands des œufs ; enfin les oiseaux deviennent d'un secours efficace une fois les œufs mis à découvert. En certain nombre d'animaux sont, en effet, les auxiliaires de l'homme dans la chasse aux sauterelles, et il est urgent de s'opposer à leur destruction en Algérie. Ce sont les musaraignes et les hérissons, les corbeaux, les étourneaux, la huppe, le rollier, le martin roselin, le martin triste, etc. ; puis les couleuvres, lézards et crapauds.

Ce qui a manqué, principalement en Algérie, en 1866, ce ne sont pas les moyens défensifs, mais l'absence d'entente et de direction générale. On parviendra à agir avec quelque efficacité contre ces insectes quand il y aura corvée universelle, obligatoire contre eux, et surtout surveillance exacte. C'est également le seul moyen en France de diminuer les ravages des hannetons, en obligeant tous les propriétaires à la chasse des adultes avant la ponte. Il faudrait une police rurale, bien organisée et nulle en pratique jusqu'à présent.

Revenons à l'Algérie. En 1866, les provinces d'Oran et de Constantine furent envahies presque en même temps. Le sol était jonché de criquets à Tlemcen, où, de mémoire d'homme, ils n'avaient paru. Ils attaquèrent à Sidi-Bel-Abbès, à Sidi-Brahim, à Mostaganem, les tabacs, les vignes, les figuiers, les oliviers même, malgré leur amer feuillage ; à Bélizane et à l'Habra, les cotonniers. Les mandibules des criquets entament même les feuilles épaisses de l'aloès et les tiges épineuses des cactus. La route de 80 kilomètres, de Mascara à Mostaganem, était couverte de cadavres d'acridiens sur tout son parcours. On les rencontra dans la province de Constantine, du Sahara à la mer et de Bougie à la Calle, dévastant les environs de Batna, Sétif, Constantine, Guelma, Bone, Philippeville. De même qu'en 1845, le fléau continua les années suivantes, et produisit sur le territoire arabe une désolante famine, aidée, il faut le dire, par un mauvais système de propriété et de culture et le fatalisme musulman. On se souvient de l'angoisse pénible, de la stupeur profonde, que produisit en France la lamentable lettre de l'archevêque d'Alger, si dignement évangélique.

Les criquets ont reparu en Algérie cette année même, mais, je l'espère, partiellement. Il est dit, dans une lettre datée du 25 mai 1873, qu'à Magenta, province d'Oran, des volées d'acridiens signalées depuis plusieurs jours sont venues s'abattre dans la vallée de Sidi-Ali-Ben-Youl. Pendant deux jours les habitants ont fait des efforts pour éloigner le fléau de leurs riches récoltes. Ils parvinrent, la première journée, à faire partir les bandes vers l'ouest et à arrêter momentanément l'invasion ; mais le lendemain tout fut inutile. Des masses jaunes et noires, malgré une ligne de feux établie sur plusieurs kilomètres de largeur, tombèrent sur la vallée et les environs, et en couvrirent une étendue de près de 200 hectares. Dans la matinée du 28 plusieurs champs de pommes de terre étaient littéralement couverts de criquets accouplés, qui n'ont pas laissé une feuille de verdure ; les blés et les orges ont aussi été maltraités.

Malgré le travail opiniâtre des colons et des indigènes des douars, on n'a pu réussir à éloigner ces insectes malfaisants. Le moment de la ponte étant arrivé, ces masses innombrables vont rester dans la contrée, et celle-ci, la plus riche de la province, deviendra fatalement le nid d'éclosion des criquets. Devant l'impossibilité matérielle d'arrêter le fléau, tous les moyens connus ont été mis en pratique pour le diminuer, et la destruction des sauterelles a commencé sur une immense échelle. Des escadrons de cavalerie, des détachements d'infanterie, auxquels sont venus se joindre colons et indigènes, concourent à l'œuvre de destruction. D'énormes quantités ont été écrasées par les pieds des chevaux des cavaliers, assommées, brûlées sur les broussailles au moyen d'arrosage de pétrole, et, à la fin, ramassées par sacs et jetées au feu. Les quantités détruites se comptent par mètres cubes ; mais qu'est-ce que cela ? Un verre d'eau enlevé à la mer !

Les moyens employés dans tous les temps et par tous les peuples à l'égard des criquets dévastateurs sont analogues à ceux dont nous venons de parler pour la France et l'Algérie. Moufet rapporte, d'après Pline, Valeriola et Peucer, qu'il y a plusieurs méthodes pour détruire les œufs. Au début du printemps, on dérive des torrents sur les lieux où sont les œufs, afin qu'ils humectent toute la superficie de la terre, ou au moins la plus grande partie. Si cela ne peut se faire en raison de la position du lieu ou de sa pente, on fait fouler la terre par les pieds d'une multitude d'hommes, de sorte qu'il ne reste aucun endroit qui soit plus profond ou plus élevé que les autres. Si les pieds ne suffisent pas, il faut se servir de la claie, du râteau, du rouleau de campagne, afin de broyer les nids plus facilement et de mieux aplanir le sol. Il est utile d'employer en grand nombre les chars de guerre, car leur passage et la rotation répétée de leurs roues écrasent plus promptement les œufs. On doit recommander l'usage de la charrue qui retourne les terres fouillées par les sauterelles et coupe les glèbes d'œufs. Pline rapporte qu'il était passé en loi dans le pays de Cyrène de combattre les criquets de trois manières : enfouir les œufs, détruire les larves, tuer les adultes, et que si quelqu'un manquait à ce devoir, il était frappé de peines. Les habitants de Magnésie et d'Éphèse marchaient contre les sauterelles en ordre militaire. Dans l'île de Lemnos, chaque citoyen était tenu d'apporter chaque jour au magistrat une certaine mesure de sauterelles. Ces insulaires, ainsi que les Thessaliens et les Illyriens, nourrissaient aux frais publics des mouettes, oiseaux envoyés jadis par Jupiter, touché des prières des hommes accablés par les ravages des acridiens. Ces mouettes détruisaient et les criquets et leur funeste postérité.

Moufet parle également de l'usage où l'on est, à l'apparition des nuages de désastre, d'épouvanter les acridiens adultes par le bruit des cloches, des trompettes, des cymbales, et les détonations du canon, afin de détourner leurs cohortes. Il en est qui pensent, ajoute-t-il, qu'elles peuvent être mises en fuite par les clameurs d'une grande multitude d'hommes, comme si elles entendaient ces horribles cris, croyance que Moufet trouve absurde, fort à tort, car les insectes ont l'ouïe très-fine. Certains creusent dans les prés des fosses profondes où ils font tomber les sauterelles, terrifiées par des crécelles qui ébranlent l'air, et, quand elles y sont accumulées, on les enfouit subitement sous de la terre ou sous des décombres qu'on y jette, de manière à les tuer.

À côté de ces méthodes rationnelles et d'une efficacité partielle, on ne doit pas s'étonner si la superstition et l'ignorance ont préconisé autrefois une foule d'autres recettes, ou inapplicables, ou insuffisantes, ou ridicules. On recommande d'arroser les moissons et les herbes avec des décoctions de plantes amères, de coloquinte, d'absinthe, de noyer. On croyait que les criquets traversent sans s'abattre les pays où des chauves-souris ont été attachées au haut des arbres. Denys d'Utique et Cassius Geoponica affirment qu'en semant de la moutarde dans les vignes, cette plante éloigne les criquets par son odeur âcre. Le conseil est donné de laisser putréfier les amas de sauterelles mortes, afin d'éloigner les vivantes par les émanations empestées, idée aussi bizarre que dangereuse. Aristote assure que l'odeur du soufre, de la corne de cerf et du styrax brûlés chassent les sauterelles. Palladius, dans les Préceptes de Démocrite, écrit gravement que les sauterelles ne causeront aucun mal aux herbes et aux arbres si on suit le procédé que voici : on expose à l'air un vase contenant de l'eau, avec plusieurs crabes fluviatiles ou marins, de sorte qu'il y ait évaporation au soleil pendant dix jours, puis on frotte de cette eau, pendant huit jours, tout ce qu'on veut préserver. Arnoldus dit qu'on peut écarter les sauterelles par la fumée de la bouse de vache brûlée ou de la corne gauche calcinée. Pourquoi exclure, *superstitieusement* la droite, demande le bon Moufet, car la raison et la nature nous montrent que les choses de droite sont préférables à celles de gauche ? Bornons là ces citations dont l'énoncé laisse une triste impression dans sa forme parfois burlesque. Le peu d'efficacité des ressources humaines contre les fléaux suggère ces conceptions étranges, ces chimères destinées à calmer la peur, à reculer l'échéance du désespoir.

QUATRIÈME PARTIE

ISBN : 978-1984321558

www.ingramcontent.com/pod-product-compliance
Lightning Source LLC
Chambersburg PA
CBHW070934220526
45468CB00005B/1768